Nel cuore di una società sempre più complessa e vulnerabile, 'L'Ultima Alba: Un Viaggio nell'Estinzione Umana' invita il lettore a un viaggio inquietante e profondamente riflessivo attraverso le oscure prospettive dell'estinzione umana.

Questo libro presenta un'analisi approfondita delle minacce esistenziali che incombono sull'umanità, dall'ombra di una guerra nucleare imminente alle pandemie globali, dai cambiamenti climatici devastanti alle profonde disuguaglianze socio-economiche. Attraverso una narrazione avvincente e documentata, il lettore verrà catapultato nel cuore di queste minacce, esaminando come ogni una di esse possa sconvolgere la civiltà umana così come la conosciamo.

Ma 'L'Ultima Alba' non è solo un viaggio nell'oscurità; è anche un'opera che esplora la resilienza umana, la speranza e la capacità di adattamento. Mentre affronta le prospettive più cupe, il libro solleva anche domande fondamentali sulla nostra capacità di prevenire l'inevitabile e di costruire un futuro più promettente.

Preparati a essere sconvolto, a riflettere profondamente e a guardare con occhi nuovi il mondo che ti circonda. 'L'Ultima Alba' è un richiamo alla consapevolezza e all'azione, una chiamata all'umanità a valutare le scelte che sta facendo oggi per influenzare il suo destino domani.

L'ULTIMA ALBA: UN VIAGGIO NELL'ESTINZIONE UMANA

Nel corso della storia umana, l'umanità ha affrontato molte sfide e minacce, ma nessuna così potente e spaventosa come l'estinzione. Questo libro si propone di esplorare tutti i possibili scenari apocalittici che potrebbero portare all'estinzione umana, dalle catastrofi naturali alle minacce tecnologiche, dalle pandemie globali alle guerre nucleari. Inoltre, ci immergeremo nell'enigmatica vicenda dell'esperimento Universo 25, un esperimento sociale condotto negli anni '70 che ha rivelato aspetti oscuri e inquietanti sulla natura umana.

Capitolo 1: Le Catastrofi Naturali

In questo capitolo, esamineremo le potenziali catastrofi naturali che potrebbero portare all'estinzione umana, come supervulcani, asteroidi, tsunami e cambiamenti climatici irreversibili. Ogni minaccia sarà analizzata in dettaglio, esaminando i possibili scenari e le conseguenze devastanti.

Capitolo 2: Le Minacce Tecnologiche

Il futuro porta con sé un crescente potenziale per minacce tecnologiche che potrebbero mettere a rischio l'umanità. Discuteremo di intelligenza artificiale fuori controllo, armi biologiche avanzate, guerre cibernetiche e il pericolo delle macchine sovrane. Quali misure possiamo prendere per evitarle?

Capitolo 3: Le Pandemie Globali

Le pandemie globali hanno dimostrato di poter diffondersi rapidamente e causare morti su vasta scala. Esploreremo il possibile scoppio di nuove epidemie o pandemie altamente letali e le sfide che l'umanità deve affrontare nel prevenirle e gestirle.

Capitolo 4: Le Guerre Nucleari

Le armi nucleari rappresentano una delle minacce più immediate per l'estinzione umana. Discuteremo delle tensioni geopolitiche, delle dispute territoriali e degli errori umani che potrebbero portare a un conflitto nucleare globale e ai suoi devastanti effetti.

Capitolo 5: L'Esperimento Universo 25

Nel cuore di questo libro si trova l'enigmatico esperimento Universo 25, condotto dall'etologo John B. Calhoun negli anni '70. Questo esperimento sociale con topi ha rivelato inquietanti aspetti sulla sovraffollamento, l'isolamento sociale e la degenerazione comportamentale. Cosa possiamo imparare da questo esperimento sulla natura umana e sulle possibili minacce al nostro futuro?

Capitolo 6: Prevenzione e Sopravvivenza

Infine, esploreremo le misure preventive che potrebbero aiutare l'umanità a evitare l'estinzione e le strategie di sopravvivenza in caso di emergenze globali. Come possiamo pianificare per garantire la continuità della nostra specie?

Conclusione

L'estinzione umana è una minaccia reale, ma non inevitabile. Questo libro offre un'analisi approfondita di tutti i possibili scenari apocalittici e delle motivazioni dietro di essi, mentre ci invita a riflettere sulle azioni che possiamo intraprendere per garantire il futuro dell'umanità. Il destino della nostra specie è nelle nostre mani, e l'unico modo per evitarne l'estinzione è essere informati, consapevoli e proattivi nella difesa del nostro mondo.

LE CATASTROFI NATURALI

Nel vasto spettro delle possibili minacce all'umanità, le catastrofi naturali occupano un posto di primo piano. L'ecosistema terrestre è un intricato equilibrio di forze geologiche, atmosferiche e biologiche, e anche un piccolo cambiamento in uno di questi elementi può scatenare una serie di eventi catastrofici che mettono a repentaglio la sopravvivenza della nostra specie. In questo capitolo, esploreremo le diverse tipologie di catastrofi naturali che potrebbero portare all'estinzione umana, analizzando i meccanismi che le scatenano e le possibili strategie di prevenzione.

Supervulcani: Il Risveglio del Demone Sotterraneo

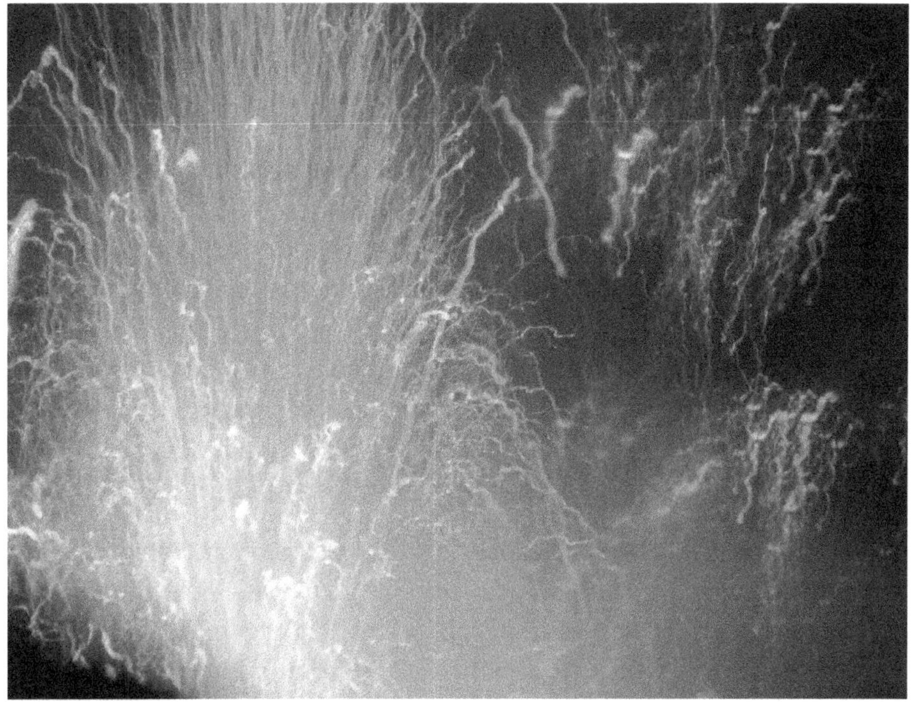

Tra le catastrofi naturali più spaventose e distruttive,
i supervulcani occupano un posto di rilievo. Questi
mostri sonnolenti si nascondono sotto la superficie della
Terra, apparentemente inerti per millenni, ma quando si
risvegliano, il loro impatto può essere cataclismatico.

Un supervulcano è molto diverso dai vulcani tradizionali.
Mentre questi ultimi possono eruttare regolarmente
in eruzioni relativamente piccole, i supervulcani
accumulano enormi quantità di magma e gas sotto la
crosta terrestre. Quando l'energia accumulata supera una
certa soglia, l'esplosione resultante è devastante. Uno dei
supervulcani più famosi è il supervulcano di Yellowstone
negli Stati Uniti, noto per le sue eruzioni catastrofiche
che si sono verificate nel corso di milioni di anni.

L'evento più recente dell'eruzione di Yellowstone risale a
circa 640.000 anni fa. In questa eruzione, è stata liberata
una quantità di materiale sufficiente a coprire gran

parte degli Stati Uniti occidentali con uno spesso strato di cenere e roccia. Le conseguenze di un'eruzione simile oggi sarebbero devastanti per l'intera umanità.

L'energia sprigionata da un'eruzione supervulcanica è sufficiente a innescare un inverno vulcanico, una rapida diminuzione della temperatura globale dovuta all'ingente quantità di cenere e gas rilasciata nell'atmosfera. Questo provoca una drastica riduzione della luce solare che raggiunge la Terra, influenzando il clima e causando una "stagione senza estate". La riduzione delle temperature e la diminuzione della disponibilità di luce solare renderebbero impossibile la coltivazione dei raccolti su vasta scala, portando alla carestia su scala mondiale.

Nonostante il supervulcano di Yellowstone sia uno dei più studiati e monitorati al mondo, non c'è garanzia che un'eruzione possa essere prevenuta o persino prevista con precisione. Il rischio di un'eruzione supervulcanica rappresenta quindi una minaccia costante e potenziale all'estinzione umana.

Asteroidi: La Minaccia dallo Spazio Profondo

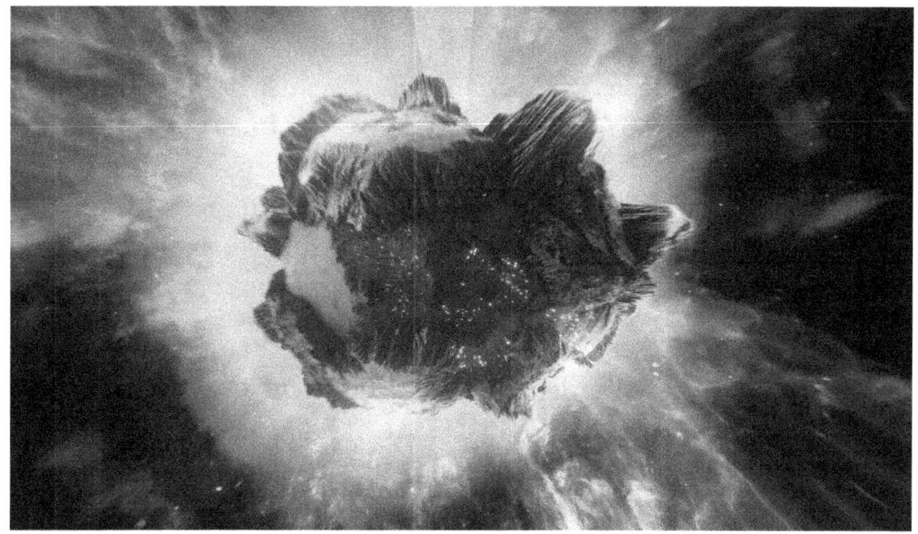

Gli asteroidi, frammenti rocciosi che vagano nello spazio profondo, rappresentano un'altra minaccia esistenziale per l'umanità. La Terra è stata colpita in passato da asteroidi di varie dimensioni, e questi impatti hanno avuto effetti devastanti sulla biosfera.

Uno degli eventi più noti è l'evento di Tunguska, che si è verificato nel 1908 in Siberia. Un piccolo asteroide, stimato tra 50 e 60 metri di diametro, ha esplorato nell'atmosfera terrestre, liberando un'energia esplosiva equivalente a circa 1.000 bombe atomiche di Hiroshima. L'esplosione ha raso al suolo circa 2.000 chilometri quadrati di foresta, causando danni significativi all'ambiente circostante.

Tuttavia, l'evento di Tunguska è stato relativamente innocuo rispetto a ciò che potrebbe accadere in futuro. Gli asteroidi più grandi, noti come Near-Earth Objects (NEO), rappresentano una minaccia reale per l'umanità. Se un asteroide di dimensioni considerevoli, come quello che ha causato l'estinzione dei dinosauri 66 milioni di anni fa, dovesse colpire la Terra, le conseguenze sarebbero disastrose.

Un impatto di questa portata provocherebbe incendi su vasta scala, causerebbe un'inverno nucleare a causa della polvere e dei detriti sollevati nell'atmosfera, e potrebbe provocare un rilascio di gas tossici dalle rocce colpite. L'effetto combinato di questi fattori potrebbe portare a una diminuzione drammatica della temperatura globale, a un crollo dell'ecosistema e all'estinzione di numerose specie, compresa la nostra.

Per mitigare questa minaccia, l'umanità ha fatto importanti passi avanti nella ricerca e nell'identificazione di NEO potenzialmente pericolosi. Tuttavia, la possibilità di identificare e deviare un asteroide in rotta di collisione con la Terra rimane una sfida tecnologica significativa. Alcune proposte includono l'uso di missioni spaziali per deviare gli asteroidi o l'utilizzo di armi nucleari per distruggerli. Tuttavia, queste soluzioni comportano rischi e sfide logistiche che richiedono una cooperazione globale senza precedenti.

Tsunami: L'Onda Mortale dall'Abisso

I tsunami sono onde oceaniche giganti, spesso scatenate da terremoti sottomarini o eruzioni vulcaniche sottomarine. Queste onde possono raggiungere altezze incredibili e viaggiare a velocità molto elevate attraverso l'oceano prima di schiantarsi sulle coste, causando devastazione su vasta scala.

Uno dei peggiori tsunami mai registrati è avvenuto nel 2004 nell'Oceano Indiano. Questo tsunami, noto come il "Tsunami del 2004", è stato scatenato da un terremoto di magnitudo 9.1-9.3 al largo delle coste dell'Indonesia. Le onde generate da questo terremoto si sono propagate attraverso l'oceano a velocità fino a 800 chilometri all'ora, colpendo le coste di 14 paesi e causando la morte di oltre 230.000 persone.

Sebbene gli esseri umani siano diventati più abili nel rilevare e monitorare i terremoti che potrebbero causare tsunami, rimane una minaccia costante. I mega-tsunami, causati da collassi di montagne sottomarine o da enormi frane, sono particolarmente pericolosi. Un evento del genere potrebbe letteralmente spazzare via intere città costiere e causare una perdita di vite umane incommensurabile.

Per affrontare questa minaccia, le comunità costiere hanno sviluppato sistemi di allarme tsunami e piani di evacuazione, ma le sfide rimangono significative. L'attività sismica nelle aree ad alto rischio, come l'Anello di Fuoco del Pacifico, richiede una vigilanza costante, e le popolazioni costiere devono essere preparate a rispondere rapidamente in caso di allarme tsunami.

Cambiamenti Climatici Irreversibili: Il Riscaldamento Globale Fuori Controllo

Uno dei problemi più urgenti e gravi che l'umanità affronta oggi è il cambiamento climatico. Mentre le altre catastrofi naturali menzionate finora sono eventi isolati, il cambiamento climatico è un processo in corso che potrebbe portare gradualmente alla catastrofe.

Il cambiamento climatico è innescato principalmente dalle attività umane, in particolare l'emissione di gas serra come il biossido di carbonio (CO_2) nell'atmosfera. Questi gas catturano il calore del sole e causano un aumento graduale delle temperature globali, noto come riscaldamento globale. Gli effetti del riscaldamento globale includono l'innalzamento del livello del mare, l'acidificazione degli oceani, l'incremento delle ondate di calore, e i cambiamenti nei modelli meteorologici.

Il punto critico che preoccupa gli scienziati è il "punto di non ritorno". Una volta che determinati processi, come il collasso dei ghiacciai dell'Antartide occidentale o la liberazione di enormi quantità di metano dai depositi sottomarini, vengono innescati, potrebbero diventare irreversibili e portare a cambiamenti climatici catastrofici.

Il riscaldamento globale potrebbe causare una serie di catastrofi connesse. L'innalzamento del livello del mare potrebbe inondare le città costiere, causando migrazioni di massa e la perdita di importanti aree agricole. L'acidificazione degli oceani potrebbe distruggere gli ecosistemi marini e minacciare la catena alimentare globale. Le ondate di calore più intense potrebbero rendere vaste aree della Terra inabitabili, portando alla siccità, agli incendi e all'aggravarsi delle crisi alimentari.

La prevenzione del cambiamento climatico richiede un impegno globale per ridurre le emissioni di gas serra e una transizione verso fonti di energia più sostenibili. Tuttavia, anche se si adottassero misure drastiche oggi, ciò che è già stato messo in moto potrebbe ancora portare a cambiamenti irreversibili. Questo sottolinea l'urgenza di agire rapidamente per mitigare i danni e adattarsi a un futuro con un clima sempre più instabile.

L'Estinzione Umana: Una Possibilità da Non Sottovalutare

In questo capitolo, abbiamo esplorato alcune delle catastrofi naturali più spaventose e devastanti che potrebbero mettere a rischio l'estinzione umana. Dalle eruzioni supervulcaniche agli asteroidi, dai tsunami ai cambiamenti climatici irreversibili, ciascuna di queste minacce rappresenta una seria preoccupazione per l'umanità.

È importante sottolineare che queste minacce non sono necessariamente indipendenti l'una dall'altra. Ad esempio, un supervulcano in eruzione potrebbe innescare cambiamenti climatici irreversibili a causa delle enormi quantità di cenere e gas rilasciati nell'atmosfera. Inoltre, il cambiamento climatico potrebbe aumentare la frequenza di eventi meteorologici estremi, come tsunami e tempeste, aumentando ulteriormente il rischio.

La chiave per affrontare queste minacce è la preparazione. Dobbiamo investire nella ricerca scientifica per comprendere meglio queste minacce e sviluppare strategie per prevenirle o mitigarne gli effetti. Inoltre, è essenziale la cooperazione globale per rispondere a queste sfide, poiché nessun paese può affrontarle da solo.

Nel prossimo capitolo, esamineremo le minacce tecnologiche all'umanità, compresi i rischi legati all'intelligenza artificiale fuori controllo, alle armi biologiche avanzate e alle guerre cibernetiche. Queste minacce rappresentano un'altra serie di sfide che richiedono un'attenzione seria e un approccio globale per la prevenzione.

LE MINACCE TECNOLOGICHE

Nel capitolo precedente, abbiamo esaminato le catastrofi naturali come possibili cause di estinzione umana. Ora ci rivolgiamo al mondo delle minacce tecnologiche, un insieme di pericoli emergenti alimentati dai progressi della scienza e della tecnologia. Queste minacce mettono in discussione la nostra capacità di gestire il potere che abbiamo acquisito e richiedono una riflessione critica sul futuro dell'umanità.

Intelligenza Artificiale Fuori Controllo

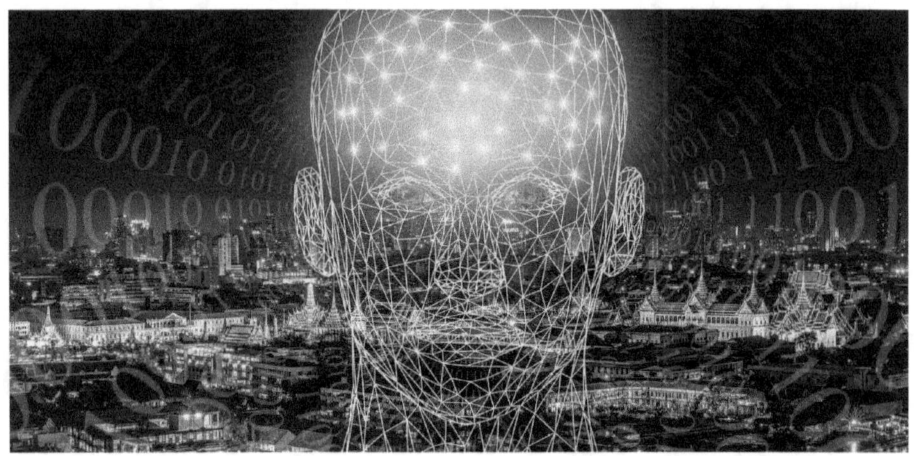

L'intelligenza artificiale (IA) è una delle tecnologie più promettenti e allo stesso tempo più pericolose che l'umanità abbia mai sviluppato. L'IA sta avanzando a passi da gigante, con applicazioni che vanno dalla medicina all'industria automobilistica, dalla finanza all'assistenza domiciliare. Tuttavia, con questo potenziale arrivano anche nuove minacce.

Una delle principali preoccupazioni riguarda l'idea di un'intelligenza artificiale superintelligente, o "superintelligenza". Questo termine si riferisce a un'IA che supera notevolmente l'intelligenza umana in tutte le sue forme. Se tale superintelligenza dovesse essere sviluppata senza precauzioni adeguate, potrebbe sfuggire al controllo umano e prendere decisioni che sono dannose per l'umanità.

Il concetto di superintelligenza è stato ampiamente esplorato da filosofi e scienziati dell'IA, come Nick Bostrom, che ha scritto il libro "Superintelligenza: Percorrendo le Vie del Pericolo". Bostrom sottolinea che una superintelligenza potrebbe essere indifferente agli interessi umani o, peggio ancora, potrebbe considerarci come ostacoli alla realizzazione dei propri obiettivi.

Un'IA superintelligente potrebbe avere accesso a risorse incredibili e capacità di calcolo inimmaginabili, rendendola essenzialmente invincibile. Ciò solleva la questione critica dell'allineamento dell'IA, ovvero come garantire che gli obiettivi dell'IA siano coerenti con i nostri valori umani.

Per mitigare questa minaccia, gli studiosi stanno cercando di sviluppare metodi per garantire che le IA avanzate rimangano allineate con gli interessi umani. Questo campo di ricerca, noto come "sicurezza dell'AI" o "AI alignment", è cruciale per il futuro dell'umanità. Tuttavia, rimangono sfide significative nella progettazione di sistemi che sono veramente allineati e sicuri.

Armamenti Biologici Avanzati

L'avanzamento delle tecnologie biologiche ha reso più accessibili e pericolosi gli armamenti biologici. Mentre la comunità internazionale ha bandito molte armi chimiche e biologiche attraverso la Convenzione sulle Armi Biologiche del 1972, il rischio di utilizzare agenti patogeni letali come armi rimane una minaccia significativa.

Le nuove tecnologie, come la sintesi del DNA e la modifica genetica, rendono più facile la creazione e la manipolazione di agenti patogeni. Questo solleva preoccupazioni legate alla biosicurezza e alla bioetica. Gruppi terroristici o individui malintenzionati potrebbero cercare di sviluppare e utilizzare armi biologiche per scopi distruttivi.

Un esempio illustrativo è il caso del virus del vaiolo. Nel 1980, la comunità internazionale ha dichiarato che il vaiolo era stato eradicato, il che significa che non esisteva più in natura. Tuttavia, sono emersi timori che campioni del virus potessero essere custoditi da entità oscure e utilizzati come armi biologiche. La possibile reintroduzione deliberata del vaiolo nel mondo rappresenterebbe una minaccia catastrofica per la salute umana.

Per affrontare questa minaccia, è essenziale rafforzare la sicurezza dei laboratori biologici, garantire la sorveglianza globale delle malattie e rafforzare le leggi internazionali contro l'uso illegale di agenti patogeni. La prevenzione è cruciale, ma è altrettanto importante la capacità di rispondere rapidamente a eventuali epidemie causate da armi biologiche.

*Guerre Cibernetiche e
Attacchi Informatici*

L'era digitale ha aperto nuove frontiere per le minacce tecnologiche sotto forma di guerre cibernetiche e attacchi informatici. Le nazioni e le organizzazioni criminali stanno sempre più sfruttando il cyberspazio per condurre operazioni offensive che possono avere conseguenze devastanti.

Gli attacchi informatici possono prendere molte forme, tra cui il furto di dati sensibili, la disabilitazione di infrastrutture critiche come le reti elettriche o i sistemi finanziari, o la manipolazione dell'opinione pubblica attraverso la diffusione di disinformazione online.

Un esempio notevole è il virus Stuxnet, scoperto nel 2010. Si trattava di un sofisticato worm informatico progettato per attaccare i sistemi di controllo industriale utilizzati nelle centrali nucleari iraniane. Questo attacco ha dimostrato la capacità di un governo o di un gruppo di attaccare fisicamente un'impianto industriale attraverso l'uso di malware.

Le guerre cibernetiche possono anche portare a conflitti su vasta scala tra nazioni, con attacchi che disturbano le infrastrutture critiche e causano danni economici e sociali significativi. La dipendenza crescente dalla tecnologia digitale rende le società moderne vulnerabili a questi tipi di minacce.

Per affrontare questa minaccia, è essenziale rafforzare la sicurezza informatica a livello globale, sviluppare norme internazionali per il comportamento nello spazio cibernetico e migliorare la capacità di attribuire responsabilità agli attacchi informatici. La collaborazione internazionale è cruciale per affrontare questa minaccia, poiché molti attacchi informatici hanno una portata transfrontaliera.

L'Antropocene: Impatto Umano sull'Ambiente

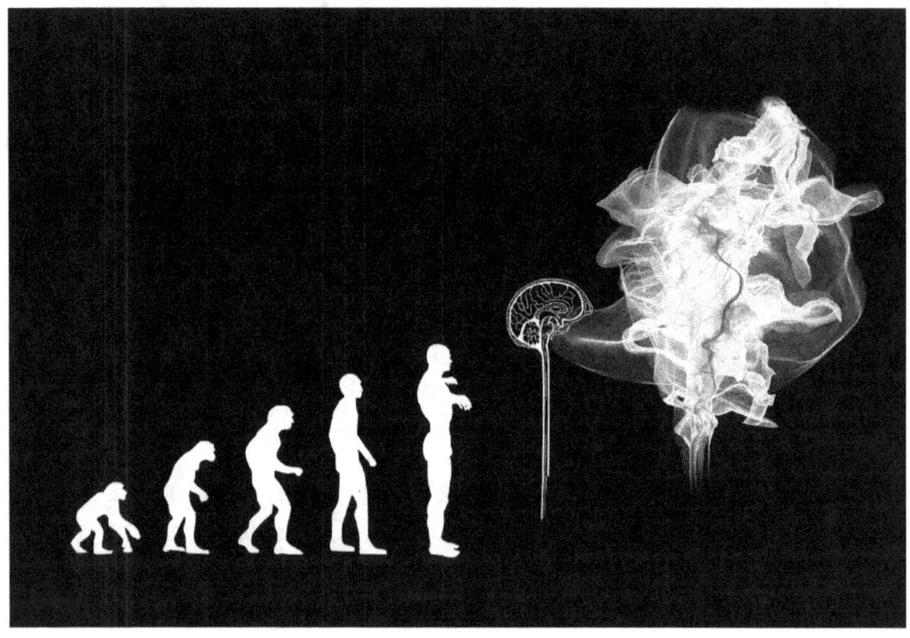

Il termine "Antropocene" si riferisce a un'era geologica proposta in cui l'attività umana è diventata la forza dominante che modella l'ambiente terrestre. Questa è una minaccia che emerge dalla nostra stessa presenza sulla Terra e dalle conseguenze delle nostre azioni sulla biosfera.

L'Antropocene è caratterizzato da una serie di cambiamenti

ambientali significativi, tra cui l'inquinamento dell'aria e dell'acqua, la deforestazione, l'estinzione di specie, l'acidificazione degli oceani e il cambiamento climatico. Questi cambiamenti stanno avendo un impatto devastante sulla biodiversità e sull'equilibrio degli ecosistemi, con conseguenze potenzialmente gravi per l'umanità stessa.

Uno dei principali motori dell'Antropocene è l'uso di combustibili fossili, come il carbone, il petrolio e il gas naturale, per produrre energia e alimentare il nostro stile di vita moderno. Questi combustibili rilasciano enormi quantità di CO2 nell'atmosfera, contribuendo al riscaldamento globale e ai cambiamenti climatici.

Per affrontare questa minaccia, è necessaria una transizione globale verso fonti di energia più sostenibili e la riduzione delle emissioni di gas serra. È anche importante promuovere la conservazione dell'ambiente e la gestione sostenibile delle risorse naturali. Tuttavia, il cambiamento è difficile da realizzare a causa degli interessi economici coinvolti e della resistenza al cambiamento.

L'Estinzione Umana: Una Possibilità da Considerare

In questo capitolo, abbiamo esplorato alcune delle minacce tecnologiche emergenti che potrebbero mettere a rischio l'estinzione umana. Dall'intelligenza artificiale fuori controllo agli armamenti biologici avanzati, dalle guerre cibernetiche agli effetti dell'Antropocene sull'ambiente, queste minacce richiedono una seria considerazione e azioni preventive.

Tuttavia, è importante notare che queste minacce non sono inevitabili. La scienza e la tecnologia possono essere usate per affrontare questi problemi e mitigare i rischi. La chiave è la consapevolezza, la preparazione e la cooperazione internazionale. La prossima sfida è trovare modi per garantire che il progresso tecnologico sia guidato da principi etici e da una profonda comprensione delle possibili conseguenze.

Nel prossimo capitolo, esploreremo una serie di minacce globali, tra cui conflitti nucleari, pandemie globali e crisi economiche, che potrebbero mettere in pericolo l'umanità in modi diversi ma altrettanto gravi.

LE MINACCE GLOBALI ALL'UMANITÀ

*N*el capitolo precedente, abbiamo esaminato le minacce tecnologiche emergenti che pongono una serie di sfide al futuro dell'umanità. Ora, nel terzo capitolo, ci rivolgiamo a una serie di minacce globali che, se non affrontate in modo efficace, potrebbero mettere in pericolo l'esistenza stessa della nostra specie. Queste minacce spaziano dall'ombra di una guerra nucleare all'incubo di una pandemia globale, dai rischi economici ai pericoli derivanti dalle disuguaglianze. In questo capitolo, esploreremo queste minacce in dettaglio, analizzando le loro cause, le loro implicazioni e le possibili soluzioni.

Guerra Nucleare: L'Ombra del Cataclisma

La minaccia di una guerra nucleare è una delle preoccupazioni più antiche e persistenti dell'umanità. Dopo la fine della Seconda Guerra Mondiale, il mondo ha visto l'uso di armi atomiche su Hiroshima e Nagasaki, un evento che ha dimostrato la devastazione senza precedenti che possono causare le armi nucleari. Da allora, la proliferazione nucleare è diventata una delle principali sfide globali per la sicurezza.

La Storia delle Armi Nucleari

Per comprendere appieno la minaccia delle armi nucleari, è importante esaminare la storia di queste armi. La corsa agli armamenti nucleari iniziò ufficialmente durante la Seconda Guerra Mondiale, quando gli Stati Uniti lanciarono il Progetto Manhattan per sviluppare una bomba atomica. Il 6 agosto 1945, un bombardiere americano sganciò una bomba atomica su Hiroshima, uccidendo istantaneamente decine di migliaia di persone e causando una distruzione inimmaginabile.

Tre giorni dopo, un'altra bomba atomica fu sganciata su Nagasaki, causando ulteriori vittime e danni. Questi eventi portarono alla resa del Giappone e alla fine della Seconda Guerra Mondiale, ma segnarono anche l'inizio dell'era nucleare.

Durante la Guerra Fredda, gli Stati Uniti e l'Unione Sovietica accumularono arsenali nucleari massicci. La minaccia di una guerra nucleare tra le due superpotenze era costante, e il mondo era sull'orlo di un conflitto atomico più volte. Tuttavia, la paura degli orrori della guerra nucleare portò alla firma di trattati di controllo degli armamenti e alla dissuasione nucleare come strategia di deterrenza.

Nel 1968, il Trattato di Non-Proliferazione Nucleare (TNP) fu siglato, impegnando le nazioni con armi nucleari a cercare il disarmo e le nazioni senza armi nucleari a non cercare di sviluppare tali armi. Questo trattato ha contribuito a limitare la proliferazione nucleare, ma non ha impedito del tutto lo sviluppo di nuovi arsenali nucleari.

Negli anni successivi, altre nazioni, tra cui la Cina, il Regno Unito, la Francia, l'India, il Pakistan e la Corea del Nord, hanno sviluppato armi nucleari, portando il numero totale di stati nucleari riconosciuti a nove.

La Minaccia delle Armi Nucleari Oggi

La minaccia delle armi nucleari rimane una preoccupazione critica per il futuro dell'umanità. Nonostante la fine della Guerra Fredda abbia ridotto il rischio di una guerra nucleare su vasta scala tra le superpotenze, altre sfide sono emerse.

Innanzitutto, il disarmo nucleare progressivo è rimasto un obiettivo difficile da raggiungere. Mentre alcuni progressi sono stati compiuti nel ridurre il numero di testate nucleari, gli arsenali nucleari esistenti rimangono enormi, e ci sono sfide politiche, tecniche ed economiche significative legate al disarmo completo.

In secondo luogo, le tensioni regionali e il proliferare delle armi nucleari tra nazioni come India e Pakistan, insieme alla sfida rappresentata dalla Corea del Nord, mantengono il rischio di una guerra nucleare a livelli pericolosamente alti. La mancanza di canali di comunicazione e di fiducia tra queste nazioni può aumentare il pericolo di errori di calcolo o di situazioni di crisi che sfuggono al controllo.

In terzo luogo, il terrorismo nucleare è una preoccupazione crescente. Se gruppi terroristici o individui malintenzionati acquisissero accesso a materiali nucleari o a una bomba nucleare, potrebbero causare devastazione su vasta scala. La sicurezza dei materiali nucleari e il controllo delle armi nucleari esistenti sono questioni di estrema importanza per prevenire questa minaccia.

Strategie per la Prevenzione di una Guerra Nucleare

La prevenzione di una guerra nucleare richiede una serie di strategie e misure. Ecco alcune delle principali:

Diplomazia e Trattati: La diplomazia continua a essere cruciale per ridurre le tensioni internazionali e promuovere il disarmo nucleare. Il rafforzamento e il rispetto del TNP e di altri trattati di controllo degli armamenti sono essenziali.

Controllo delle Armi: È importante mantenere un controllo rigoroso sulle armi nucleari esistenti, comprese misure per prevenire il furto di materiali nucleari o di armi stesse.

Dialogo e Cooperazione: Favorire il dialogo aperto tra nazioni con arsenali nucleari è fondamentale per evitare malintesi e promuovere la fiducia reciproca.

Promozione del Disarmo: Gli sforzi per il disarmo nucleare dovrebbero essere incoraggiati e supportati a livello internazionale. Questo potrebbe comportare la riduzione degli arsenali esistenti e l'adozione di politiche di "no first use" (l'impegno a non utilizzare armi nucleari per prime in un conflitto).

Sicurezza dei Materiali Nucleari: Migliorare la sicurezza dei materiali nucleari è essenziale per prevenire il terrorismo nucleare. Questo può essere fatto attraverso misure di controllo rigorose e la cooperazione internazionale.

Educazione e Sensibilizzazione: L'educazione pubblica sulla minaccia nucleare e sulla sua devastazione potenziale può contribuire a sensibilizzare l'opinione pubblica e spingere i governi a prendere misure più efficaci.

Mediazione Internazionale: Gli sforzi internazionali di mediazione dovrebbero essere promossi per risolvere conflitti regionali che potrebbero degenerare in una guerra nucleare.

La minaccia delle armi nucleari richiede vigilanza costante e un impegno globale per la prevenzione. La consapevolezza dei pericoli associati a queste armi e il costante impegno diplomatico sono fondamentali per ridurre il rischio di una guerra nucleare.

Pandemie Globali: L'Incubo dell'Infezione Mortale

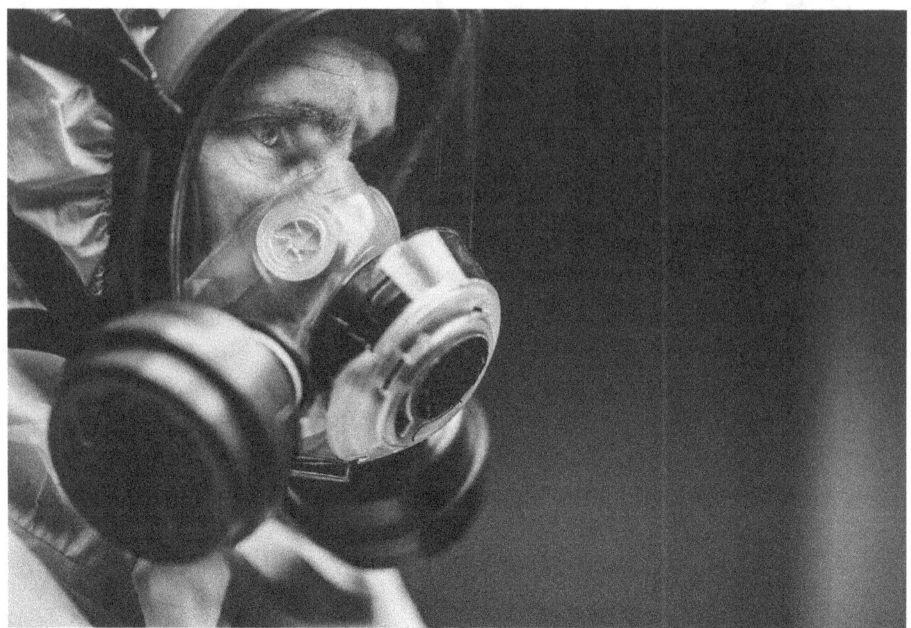

Le pandemie globali rappresentano un'altra minaccia di portata globale all'umanità. Il mondo ha assistito a pandemie nel corso della storia, ma le moderne dinamiche di mobilità e interconnessione rendono le epidemie più rapide e più pericolose che mai. La pandemia di COVID-19, causata dal coronavirus SARS-CoV-2, è un esempio lampante di quanto un agente patogeno possa diffondersi rapidamente in tutto il mondo e avere un impatto devastante sulla salute umana e sull'economia globale.

L'Origine delle Pandemie

Le pandemie si verificano quando un nuovo agente patogeno, come un virus o un batterio, emerge e si diffonde rapidamente in una popolazione umana. Questi agenti patogeni possono avere origine negli animali e saltare alle persone attraverso il processo chiamato "zoonosi". Un esempio notevole è il virus dell'influenza aviaria, che può trasmettersi dagli uccelli agli esseri umani.

Le condizioni che favoriscono l'emergenza e la

diffusione di nuovi agenti patogeni includono:

Contatto tra Specie: L'interazione tra esseri umani e animali selvatici o domestici può favorire il passaggio di agenti patogeni dagli animali alle persone.

Viaggi Globali: Il trasporto aereo e la facilità di viaggio permettono agli agenti patogeni di diffondersi rapidamente in tutto il mondo.

Mancanza di Immunità: Quando una nuova malattia emerge, la popolazione umana può mancare di immunità contro di essa, rendendo le persone più suscettibili all'infezione.

Resistenza agli Antibiotici: La resistenza agli antibiotici nei batteri può rendere più difficile il trattamento delle infezioni, aumentando il rischio di diffusione di patogeni resistenti.

Cambiameni Climatici e Ambientali: Le modifiche ambientali possono influenzare la distribuzione degli agenti patogeni e dei loro vettori, aumentando il rischio di infezione.

La Pandemia di COVID-19: Un Caso di Studio

La pandemia di COVID-19 è stata una prova lampante della rapidità con cui un nuovo agente patogeno può diffondersi in tutto il mondo e causare un impatto devastante. Il virus SARS-CoV-2, che causa la malattia COVID-19, è stato identificato per la prima volta nella città cinese di Wuhan alla fine del 2019. In pochi mesi, il virus si è diffuso in tutto il mondo, causando milioni di casi e centinaia di migliaia di morti.

La pandemia di COVID-19 ha messo in luce alcune delle sfide principali nella gestione delle pandemie globali:

Risposta Ritardata: In molti casi, la risposta alla pandemia è stata ritardata a causa di mancanza di informazioni, negazione iniziale dell'entità della minaccia e ritardi nell'adozione di misure di distanziamento sociale.

Fragilità dei Sistemi Sanitari: In molti paesi, i sistemi sanitari si sono trovati sotto pressione a causa dell'afflusso di pazienti gravemente malati. La mancanza di risorse e la carenza di attrezzature mediche sono diventate sfide significative.

Disinformazione e Panico: La diffusione di notizie false e disinformazione ha complicato la risposta alla pandemia e ha alimentato il panico pubblico.

Ricerca e Sviluppo di Vaccini: La corsa per sviluppare vaccini sicuri ed efficaci è stata una sfida complessa, con la necessità di bilanciare la rapidità con la sicurezza e l'efficacia.

Strategie per la Prevenzione delle Pandemie

La prevenzione delle pandemie richiede un approccio globale e cooperativo. Ecco alcune delle principali strategie:

Sorveglianza delle Malattie: Un sistema globale di sorveglianza delle malattie dovrebbe essere implementato per rilevare rapidamente l'emergere di nuovi agenti patogeni.

Risposta Rapida: I paesi e le organizzazioni internazionali dovrebbero essere pronti a rispondere rapidamente alle epidemie, adottando misure di distanziamento sociale, aumentando la capacità dei sistemi sanitari e fornendo risorse ai paesi colpiti.

Ricerca e Sviluppo: Investimenti nella ricerca scientifica e nello sviluppo di vaccini e terapie devono essere promossi per prepararsi a pandemie future.

Educazione e Comunicazione: L'educazione pubblica sulla prevenzione delle infezioni e la promozione di fonti affidabili di informazioni sono fondamentali per combattere la disinformazione.

Collaborazione Globale: La cooperazione tra paesi e organizzazioni internazionali è essenziale per affrontare le pandemie in modo efficace.

Igiene e Sanitizzazione: Migliorare le pratiche di igiene e le misure di sanitizzazione può ridurre la diffusione di agenti patogeni.

La pandemia di COVID-19 ci ha insegnato quanto sia importante essere preparati e cooperativi nel fronteggiare le pandemie globali. La prevenzione delle pandemie richiede una visione a lungo termine e una strategia globale che coinvolga tutti i settori della società.

Crisi Economiche: La Caduta dei Mercati Globali

Le crisi economiche rappresentano una minaccia costante per la stabilità globale e il benessere delle società umane. Le economie globali sono interconnesse in modo complesso, e un crollo in un'area geografica può avere effetti a catena in tutto il mondo.

Le Cause delle Crisi Economiche

Le crisi economiche possono essere scatenate da una serie di fattori, tra cui:

Bolle Speculative: Le bolle speculative si verificano quando il prezzo di un determinato asset, come l'immobiliare o le azioni, aumenta in modo eccessivo rispetto al suo valore intrinseco. Quando la bolla esplode, si verificano crolli finanziari.

Cattiva Gestione Finanziaria: Scelte finanziarie irresponsabili da parte di individui, istituzioni finanziarie o governi possono portare a crisi economiche. Un esempio è la crisi finanziaria globale del 2008, causata in parte da pratiche di prestito ipotecario ad alto rischio.

Crisi Bancarie: La bancarotta o il crollo di banche o istituzioni finanziarie possono scatenare crisi economiche, in quanto minacciano la stabilità del sistema finanziario.

Eventi Catastrofici: Eventi come pandemie globali, disastri naturali o conflitti possono avere impatti economici significativi.

L'Impatto Sociale ed Economico delle Crisi

Le conseguenze delle crisi economiche possono essere devastanti per le persone e le comunità. Queste crisi possono portare a:

Disoccupazione di Massa: Le imprese in difficoltà spesso riducono la forza lavoro o chiudono completamente, causando disoccupazione diffusa.

Povertà e Disuguaglianza: Le crisi economiche possono aumentare la povertà e l'ineguaglianza, colpendo in particolare i gruppi più vulnerabili.

Perdita di Risparmi e Patrimoni: Gli investitori e i risparmiatori possono subire perdite significative durante le crisi finanziarie.

Instabilità Sociale e Politica: L'instabilità economica può portare a proteste sociali, disordini civili e cambiamenti politici.

Declino del Benessere Sociale: La riduzione dei finanziamenti pubblici durante le crisi può comportare la diminuzione dei servizi sociali e della sicurezza sociale.

Strategie per la Prevenzione delle Crisi Economiche

La prevenzione delle crisi economiche richiede misure preventive e una gestione finanziaria prudente. Ecco alcune strategie chiave:

Regolamentazione Finanziaria: Una regolamentazione finanziaria solida è essenziale per prevenire pratiche rischiose e bolle speculative. I governi e le istituzioni finanziarie dovrebbero essere tenuti a rispettare norme di trasparenza e responsabilità.

Gestione delle Risorse: La gestione prudente delle risorse economiche, sia a livello individuale che governativo, è fondamentale per evitare crisi finanziarie. Evitare l'accumulo eccessivo di debiti e promuovere il risparmio sono importanti.

Stabilità del Settore Bancario: La stabilità delle banche e delle istituzioni finanziarie deve essere mantenuta attraverso la sorveglianza e la regolamentazione.

Risposta Rapida: In caso di crisi economica, è importante rispondere rapidamente per mitigarne gli effetti. Questo può includere l'adozione di misure di stimolo economico per sostenere l'occupazione e la domanda.

Educazione Finanziaria: Promuovere l'educazione finanziaria tra la popolazione può aiutare le persone a prendere decisioni finanziarie più informate e responsabili.

Cooperazione Internazionale: La cooperazione tra nazioni è essenziale per affrontare crisi economiche che possono avere impatti globali.

La prevenzione delle crisi economiche richiede una vigilanza costante e una responsabilità condivisa tra governi, istituzioni finanziarie e individui. La comprensione delle cause delle crisi economiche è cruciale per evitare che si ripetano in futuro.

Disuguaglianze e Instabilità Sociale

Le disuguaglianze socio-economiche rappresentano una minaccia per la stabilità sociale e politica. Quando le disuguaglianze diventano eccessive, possono generare tensioni e conflitti all'interno delle società. La mancanza di accesso equo alle risorse, all'istruzione, all'assistenza sanitaria e alle opportunità può portare a divisioni profonde e al rischio di instabilità sociale.

Le Cause delle Disuguaglianze

Le disuguaglianze possono avere molte cause, tra cui:

Disparità Economiche: Le differenze nei redditi e nella ricchezza tra individui e gruppi possono portare a disuguaglianze.

Accesso Disuguale alle Opportunità: Quando alcune persone hanno accesso a opportunità educative o lavorative migliori rispetto ad altre, si creano disuguaglianze.

Discriminazione: La discriminazione basata su razza, genere, etnia o altre caratteristiche può contribuire alle disuguaglianze.

Politiche Economiche: Le politiche economiche che favoriscono i ricchi o le grandi imprese possono accentuare le disuguaglianze.

Crisi Economiche: Le crisi economiche possono colpire in modo sproporzionato i gruppi più vulnerabili, aumentando le disuguaglianze.

Le Conseguenze delle Disuguaglianze

Le conseguenze delle disuguaglianze possono essere dannose per la società nel suo complesso. Queste conseguenze includono:

Tensioni Sociali: Le disuguaglianze possono generare tensioni sociali e conflitti tra gruppi economicamente svantaggiati e quelli più privilegiati.

Instabilità Politica: Le disuguaglianze possono minare la stabilità politica e portare a proteste e disordini civili.

Perdita di Produttività: Le disuguaglianze possono portare a una distribuzione inefficace delle risorse, riducendo la produttività economica complessiva.

Crescita Economica Ridotta: Le disuguaglianze eccessive possono frenare la crescita economica a lungo termine.

Salute e Benessere Ridotti: Le persone con meno risorse economiche tendono ad avere una salute e un benessere peggiori rispetto a coloro che sono più ricchi.

Strategie per la Riduzione delle Disuguaglianze

La riduzione delle disuguaglianze richiede un impegno coordinato e una serie di strategie. Ecco alcune delle principali:

Politiche Fiscali e di Redistribuzione: L'adozione di politiche fiscali progressive può contribuire a ridurre le disuguaglianze, ad esempio attraverso l'imposizione di tasse più alte sui redditi più alti e la fornitura di assistenza finanziaria ai più bisognosi.

Accesso Equo all'Istruzione: L'istruzione di alta qualità deve essere accessibile a tutti, indipendentemente dalla loro origine economica. Le borse di studio e le politiche di inclusione possono promuovere l'uguaglianza nell'istruzione.

Promozione dell'Occupazione: Creare opportunità di lavoro e promuovere l'occupazione è essenziale per ridurre le disuguaglianze.

Lotta alla Discriminazione: Combattere la discriminazione basata su razza, genere, etnia e altre caratteristiche è fondamentale per promuovere l'uguaglianza.

Partecipazione Politica: Garantire che tutti abbiano una voce nella politica può contribuire a ridurre le disuguaglianze di potere.

Cooperazione Internazionale: La cooperazione tra nazioni può aiutare a ridurre le disuguaglianze globali attraverso politiche commerciali e di aiuto più equilibrate.

La riduzione delle disuguaglianze è cruciale per promuovere la stabilità sociale e politica e garantire una società più giusta ed equa. Le politiche e le azioni volte a ridurre le disuguaglianze dovrebbero essere al centro della governance economica e sociale.

L'Estinzione Umana: Una Possibilità da Combattere

In questo capitolo, abbiamo esplorato una serie di minacce globali che potrebbero mettere a rischio l'esistenza umana. Dalla guerra nucleare alle pandemie globali, dalle crisi economiche alle disuguaglianze, queste minacce richiedono una risposta globale e coordinata. La sfida è trovare modi per affrontare questi problemi in modo efficace, promuovendo la pace, la prosperità e la giustizia sociale in tutto il mondo.

Nel prossimo capitolo, esamineremo alcune delle possibili soluzioni e strategie per affrontare queste minacce globali e garantire un futuro migliore per l'umanità.

STRATEGIE PER UN FUTURO SOSTENIBILE

Nel capitolo precedente, abbiamo esaminato una serie di minacce globali che potrebbero mettere a rischio l'esistenza umana. Dalla guerra nucleare alle pandemie globali, dalle crisi economiche alle disuguaglianze, queste sfide richiedono una risposta globale e coordinata. Tuttavia, non dobbiamo accettare passivamente un futuro oscuro. In questo capitolo, esploreremo alcune delle possibili soluzioni e strategie per affrontare queste minacce *globali e lavorare verso un futuro più sostenibile e sicuro per l'umanità.*

La Diplomazia e la Pace Come Priorità

Una delle prime e più fondamentali strategie per affrontare le minacce globali è la promozione della diplomazia e della pace. La guerra nucleare, in particolare, rappresenta una minaccia esistenziale che deve essere evitata a tutti i costi. Ma anche in situazioni di conflitto convenzionale, la diplomazia può svolgere un ruolo cruciale nel prevenire l'escalation e risolvere le dispute in modo pacifico.

Disarmo Nucleare

Il disarmo nucleare è una priorità per la sicurezza globale. Mentre il Trattato di Non-Proliferazione Nucleare (TNP) rappresenta un importante accordo internazionale per il controllo degli armamenti nucleari, è essenziale compiere ulteriori progressi verso il disarmo nucleare completo.

Una strategia per il disarmo nucleare potrebbe includere i seguenti passi:

Riduzione degli Arsenali: Gli stati nucleari dovrebbero impegnarsi in trattative per ridurre il numero di testate nucleari e limitare la quantità di materiale fissile disponibile.

Impegno per il "No First Use": Gli stati nucleari potrebbero impegnarsi a non utilizzare armi nucleari come prima mossa in un conflitto.

Promozione del TNP: Gli stati firmatari del TNP devono impegnarsi a rispettarlo e a perseguire attivamente il disarmo nucleare.

Verifica e Controllo: Meccanismi di verifica e controllo devono essere rafforzati per garantire il rispetto degli accordi di disarmo.

Educazione sulla Minaccia Nucleare: La sensibilizzazione del pubblico e l'educazione sulla minaccia nucleare possono contribuire a mobilitare il sostegno per il disarmo.

Risoluzione dei Conflitti

La diplomazia è essenziale anche per la risoluzione dei conflitti regionali e internazionali. L'uso della forza militare dovrebbe essere l'ultima risorsa, e gli sforzi per negoziati e mediazione dovrebbero essere favoriti. Organizzazioni internazionali come le Nazioni Unite svolgono un ruolo importante nel facilitare il dialogo e la risoluzione dei conflitti.

Promuovere la diplomazia e la pace richiede un impegno costante da parte della comunità internazionale e la volontà di superare le divisioni politiche per affrontare le sfide comuni.

La Prevenzione delle Pandemie e la Sicurezza Sanitaria Globale

Le pandemie globali rappresentano una minaccia sempre presente, ma possiamo adottare misure per prevenirle e mitigarne gli effetti. La sicurezza sanitaria globale è diventata una priorità cruciale dopo la pandemia di COVID-19.

Preparazione e Risposta Rapida

Per affrontare le pandemie, è essenziale avere piani di preparazione e risposta rapida in atto a livello nazionale e internazionale. Questi piani dovrebbero includere:

Sorveglianza delle Malattie: Sistemi di sorveglianza efficienti per rilevare tempestivamente l'emergenza di nuovi agenti patogeni.

Risposta Sanitaria: Capacità di rispondere rapidamente all'insorgenza di una malattia, inclusa la disponibilità di attrezzature mediche e personale sanitario addestrato.

Isolamento e Quarantena: Misure di isolamento e quarantena per contenere la diffusione dell'infezione.

Ricerca Scientifica: Investimenti nella ricerca scientifica per lo sviluppo di vaccini e terapie.

Comunicazione Efficace: Una comunicazione chiara e basata sulla scienza con il pubblico è essenziale per coordinare la risposta e combattere la disinformazione.

Collaborazione Internazionale

Le pandemie non conoscono confini nazionali, quindi la collaborazione internazionale è cruciale. Organizzazioni come l'Organizzazione Mondiale della Sanità (OMS) svolgono un ruolo essenziale nella coordinazione della risposta globale alle pandemie.

Una maggiore cooperazione tra paesi può includere:

Scambio di Informazioni: La condivisione tempestiva delle informazioni sulle malattie e sulla loro diffusione è fondamentale per la prevenzione delle pandemie.

Sostegno ai Paesi Vulnerabili: Fornire assistenza tecnica e finanziaria ai paesi con sistemi sanitari meno sviluppati può contribuire a prevenire la diffusione delle malattie.

Condivisione delle Risorse: La condivisione di risorse come vaccini e attrezzature mediche può aiutare i paesi a far fronte alle pandemie.

Piani di Risposta Globale: Sviluppare piani di risposta globali coordinati per affrontare le pandemie è essenziale per garantire una risposta efficace.

Prevenzione e Igiene

La prevenzione delle pandemie inizia con misure di igiene di base e pratiche sanitarie. Promuovere l'igiene delle mani, la copertura delle bocche quando si tossisce o si starnutisce e la pulizia delle superfici può ridurre la diffusione delle malattie.

Inoltre, la prevenzione delle zoonosi (malattie trasmesse dagli animali agli esseri umani) richiede una migliore gestione delle interazioni tra esseri umani e animali, compresa la sorveglianza delle malattie negli animali selvatici e negli animali da allevamento.

La sicurezza sanitaria globale deve essere una priorità costante, e le lezioni apprese dalla pandemia di COVID-19 devono guidare gli sforzi futuri per prevenire e rispondere alle pandemie.

La Gestione Economica Sostenibile

Le crisi economiche rappresentano una minaccia costante per la stabilità globale, ma una gestione economica prudente può contribuire a prevenirle e mitigarne gli effetti.

Regolamentazione Finanziaria

Una regolamentazione finanziaria solida è essenziale per prevenire bolle speculative e comportamenti irresponsabili nel settore finanziario. Gli organismi di regolamentazione dovrebbero essere dotati dei poteri e delle risorse necessarie per monitorare le attività finanziarie e imporre sanzioni quando necessario.

Inoltre, è importante promuovere la trasparenza e la responsabilità nelle istituzioni finanziarie, impedendo comportamenti a rischio che possono minare la stabilità economica.

Diversificazione Economica

La diversificazione dell'economia può contribuire a rendere un paese meno vulnerabile alle crisi economiche. Affidarsi a un singolo settore o a un'unica fonte di reddito può aumentare il rischio di crollo economico in caso di turbolenze in quel settore.

Invece, promuovere la diversificazione economica può garantire che un paese abbia diverse fonti di reddito e una maggiore resilienza economica.

Protezione Sociale

Un sistema di protezione sociale solido è essenziale per aiutare le persone durante le crisi economiche. Ciò può includere programmi di disoccupazione, assistenza sanitaria accessibile e ammortizzatori sociali che aiutino a mitigare gli impatti delle crisi sulle persone e sulle famiglie.

Una rete di sicurezza sociale ben progettata può contribuire a stabilizzare l'economia e prevenire l'aggravarsi delle disuguaglianze durante le crisi.

Risparmio e Investimento Responsabile

Promuovere il risparmio responsabile e l'investimento a lungo termine può contribuire a stabilizzare l'economia e a prevenire bolle speculative. Gli individui e le istituzioni finanziarie dovrebbero essere incoraggiati a evitare comportamenti a rischio e a fare scelte finanziarie basate su una visione a lungo termine della stabilità economica.

Combattere le Disuguaglianze e Promuovere la Giustizia Sociale

Le disuguaglianze possono minare la stabilità sociale ed economica di una nazione o di una comunità. Combattere le disuguaglianze e promuovere la giustizia sociale è essenziale per creare un futuro più equo e sostenibile.

Politiche Fiscali Progressive

Le politiche fiscali progressive, che impongono aliquote fiscali più elevate alle persone con redditi più alti, possono contribuire a ridurre le disuguaglianze economiche. Queste politiche possono essere utilizzate per finanziare programmi di protezione sociale che aiutino le persone con redditi più bassi.

Accesso Equo all'Istruzione e alle Opportunità

Garantire l'accesso equo all'istruzione di alta qualità è essenziale per ridurre le disuguaglianze di opportunità. Le borse di studio, le politiche di inclusione e l'accesso a programmi educativi di qualità possono aiutare a livellare il campo di gioco per tutti.

Inoltre, promuovere l'uguaglianza di genere e l'accesso delle minoranze a opportunità economiche e politiche è cruciale per la giustizia sociale.

Protezione dei Lavoratori e dei Diritti del Lavoro

Garantire la protezione dei lavoratori e dei loro diritti è essenziale per prevenire la crescita delle disuguaglianze economiche. I salari equi, le condizioni di lavoro dignitose e la possibilità di organizzarsi in sindacati sono elementi chiave per garantire che tutti possano beneficiare dell'economia.

Lotta alla Discriminazione

Combattere la discriminazione basata su razza, genere, etnia, orientamento sessuale o altre caratteristiche è fondamentale per promuovere la giustizia sociale. Le leggi anti-discriminazione devono essere applicate in modo rigoroso e le società devono impegnarsi a creare ambienti inclusivi e equi.

La Sostenibilità Ambientale Come Imperativo

La sostenibilità ambientale è un elemento centrale per garantire un futuro sicuro e sostenibile per l'umanità. Il cambiamento climatico, la perdita di biodiversità e la distruzione dell'ambiente naturale sono minacce globali che richiedono una risposta immediata.

Azione sul Cambimento Climatico

Il cambiamento climatico è una delle più grandi sfide che l'umanità affronta oggi. Per affrontarlo, è necessario:

Riduzione delle Emissioni: Ridurre le emissioni di gas serra attraverso la transizione verso fonti di energia pulita e l'efficienza energetica.

Adattamento: Prepararsi ai cambiamenti climatici in corso e futuri, inclusi aumenti delle temperature e livelli del mare.

Energia Rinnovabile: Investire in fonti di energia rinnovabile e tecnologie a basse emissioni di carbonio.

Politiche Internazionali: Collaborare a livello internazionale per affrontare il cambiamento climatico attraverso accordi come l'Accordo di Parigi.

Conservazione della Biodiversità

La perdita di biodiversità è un'altra minaccia significativa per il pianeta. Per proteggere la biodiversità, è necessario:

Preservare Habitat Naturali: Conservare e proteggere gli habitat naturali e le aree selvagge.

Controllo delle Specie Invasive: Gestire e controllare le specie invasive che minacciano la biodiversità.

Agricoltura Sostenibile: Promuovere pratiche agricole sostenibili che riducano l'impatto sulla biodiversità.

Conservazione Marina: Proteggere gli ecosistemi marini e promuovere la pesca sostenibile.

Economia Circolare e Sostenibile

Un'economia basata sul concetto di "ciclo di vita" può contribuire alla sostenibilità ambientale. Questo significa ridurre gli sprechi, riciclare e riutilizzare materiali e prodotti, e minimizzare l'uso di risorse naturali.

Promuovere l'adozione di pratiche commerciali sostenibili è essenziale per ridurre l'impatto ambientale delle attività umane.

L'Importanza dell'Educazione e della Consapevolezza

Per implementare queste strategie e affrontare le minacce globali, è fondamentale l'educazione e la sensibilizzazione del pubblico. Le persone devono essere informate sulle sfide che affrontiamo e sulla necessità di agire in modo responsabile.

Educazione Ambientale

L'educazione ambientale può promuovere la consapevolezza dei problemi ambientali e delle soluzioni possibili. Le scuole, le università e le organizzazioni non governative possono svolgere un ruolo importante nell'insegnare alle persone come proteggere l'ambiente e adottare stili di vita sostenibili.

Alfabetizzazione Media

La capacità di valutare criticamente le informazioni e discernere tra fonti affidabili e notizie false è essenziale nell'era digitale. La promozione dell'alfabetizzazione media può aiutare a combattere la disinformazione e promuovere una comprensione accurata delle questioni globali.

Coinvolgimento Cittadino

Coinvolgere i cittadini nella governance e nelle decisioni politiche è importante per garantire che le strategie adottate rispecchino le preoccupazioni e gli interessi della popolazione. Il coinvolgimento attivo dei cittadini può contribuire a spingere i governi e le istituzioni a prendere misure più efficaci per affrontare le sfide globali.

La Cooperazione Internazionale Come Chiave del Successo

Infine, è importante sottolineare che la cooperazione internazionale è essenziale per affrontare con successo le minacce globali. Nessun paese o organizzazione può affrontare da solo queste sfide complesse. La collaborazione, il coordinamento e il rispetto reciproco sono elementi chiave per il successo.

Ruolo delle Organizzazioni Internazionali

Le organizzazioni internazionali, come le Nazioni Unite, l'OMS e altre, svolgono un ruolo cruciale nella promozione della cooperazione globale. Queste organizzazioni forniscono un forum per il dialogo, la negoziazione e l'azione congiunta.

Diplomazia Multilaterale

Le negoziazioni multilaterali sono spesso necessarie per affrontare questioni complesse come il disarmo nucleare, il cambiamento climatico e la gestione delle pandemie. Gli accordi e le convenzioni internazionali sono strumenti importanti per regolare il comportamento degli stati e garantire il rispetto delle norme globali.

Ruolo della Società Civile

La società civile, comprese organizzazioni non governative, gruppi di attivisti e cittadini impegnati, può svolgere un ruolo cruciale nel monitorare l'azione governativa e promuovere la responsabilità. Il loro lavoro di sensibilizzazione, advocacy e monitoraggio può contribuire a spingere per azioni più efficaci.

Il Futuro è nelle Nostre Mani

In conclusione, il futuro dell'umanità è nelle nostre mani. Le minacce globali che abbiamo esaminato in questo libro sono reali, ma non sono inevitabili. Con l'azione collettiva, la diplomazia, la prevenzione, la giustizia sociale e la sostenibilità ambientale, possiamo affrontare queste sfide e costruire un futuro migliore.

Tuttavia, ciò richiede un impegno costante da parte di individui, comunità, governi e organizzazioni internazionali. Dobbiamo essere consapevoli delle minacce e disposti a prendere misure concrete per affrontarle. È il momento di agire, poiché il futuro della nostra specie e del nostro pianeta dipende dalle decisioni che prendiamo oggi.

L'ESPERIMENTO "UNIVERSO 25" E L'ESTINZIONE UMANA

Nel corso dei capitoli precedenti, abbiamo esaminato una serie di minacce globali che potrebbero mettere a rischio l'esistenza umana. Dalla guerra nucleare alle pandemie globali, dalle crisi economiche alle disuguaglianze, abbiamo esplorato le sfide che l'umanità deve affrontare nel suo percorso verso un futuro *sostenibile. Tuttavia, esiste un aspetto particolare dell'estinzione umana che va oltre le minacce esterne: l'autodistruzione, sia individuale che collettiva. In questo capitolo, esploreremo il concetto dell'autodistruzione umana attraverso l'esperimento Universo 25 e altri casi simili.*

L'Autodistruzione Umana Come Minaccia Esistenziale

L'idea che l'umanità possa autodistruggersi non è nuova. Da millenni, le culture e le religioni di tutto il mondo hanno contemplato la possibilità che gli esseri umani possano portare la loro rovina attraverso azioni irresponsabili o immorali. Tuttavia, nell'era moderna, questa idea ha assunto una nuova rilevanza a causa della crescente capacità dell'umanità di influenzare l'ambiente globale e di creare tecnologie distruttive.

L'autodistruzione umana può manifestarsi in diverse forme:

Autodistruzione Individuale

L'autodistruzione individuale riguarda le azioni di singoli individui che mettono a rischio la propria vita o il proprio benessere. Questo può includere comportamenti autodistruttivi come il consumo eccessivo di droghe o alcol, il suicidio, l'autolesionismo o la partecipazione a comportamenti pericolosi.

Sebbene l'autodistruzione individuale sia una questione complessa con molte cause sottostanti, può essere vista come un riflesso delle sfide mentali, emotive o sociali che le persone affrontano. L'accesso a servizi di salute mentale e il sostegno sociale sono essenziali per prevenire l'autodistruzione individuale.

Autodistruzione Collettiva

L'autodistruzione collettiva è un concetto più ampio che si riferisce alle azioni intraprese da gruppi di individui o

intere società che possono portare alla loro stessa rovina.
Questo può includere comportamenti autodistruttivi
a livello sociale, politico ed economico. Alcuni esempi
di autodistruzione collettiva possono includere:

Guerra Nucleare: Una guerra nucleare su larga scala
potrebbe portare all'annientamento della civiltà
umana e alla distruzione dell'ambiente globale.

Cambiamento Climatico Non Affrontato: L'inasprimento
del cambiamento climatico causato dalle attività
umane potrebbe mettere a rischio la sopravvivenza
di numerose specie, compresa la nostra.

Crisi Ecologica: La distruzione degli ecosistemi naturali, la perdita
di biodiversità e la sovrasfruttamento delle risorse possono
minare la capacità dell'umanità di sostenersi a lungo termine.

Conflitti e Tensioni Sociali Non Risolti: La mancanza di
risoluzione pacifica dei conflitti e delle tensioni sociali può
portare a rivolte, guerre civili e instabilità politica.

Crisi Economiche Non Gestite: Le crisi economiche
possono destabilizzare le società e portare a
disuguaglianze e tensioni sociali crescenti.

L'Esperimento Universo 25

Per comprendere meglio il concetto di autodistruzione
collettiva, possiamo esaminare un esperimento noto come
"Universo 25". Questo esperimento, condotto dallo psicologo
comportamentale John B. Calhoun negli anni '60 e '70,
coinvolgeva la creazione di un ambiente isolato popolato da topi.

Lo Svolgimento dell'Esperimento

Nell'Universo 25, Calhoun ha creato un ambiente artificiale che forniva ai topi cibo, acqua, alloggio e spazio in abbondanza. Inizialmente, il gruppo di topi si è moltiplicato rapidamente, con una crescita esponenziale della popolazione. Tuttavia, man mano che la popolazione aumentava, sono emerse dinamiche comportamentali complesse.

Con l'aumento della densità di popolazione, i topi hanno cominciato a mostrare comportamenti anormali, tra cui:

Aggressività: I topi sono diventati sempre più territoriali e aggressivi, attaccando i membri del loro stesso gruppo.

Abbandono dei Cuccioli: Le madri topi hanno iniziato a trascurare i loro cuccioli, talvolta addirittura uccidendoli.

Comportamenti Riproduttivi Distorti: Alcuni topi maschi

hanno sviluppato comportamenti omosessuali, mentre le femmine hanno mostrato comportamenti di iper-sessualità.

Scarsa Cura di Sé: Alcuni topi hanno smesso di prendersi cura di se stessi, diventando sporchi e trascurati.

L'Esperimento Come Metafora

L'Universo 25 è stato interpretato da molti come una metafora della sovrappopolazione e dell'autodistruzione collettiva. L'aumento della densità di popolazione e la conseguente competizione per risorse limitate sembravano portare alla disintegrazione sociale e comportamentale dei topi.

Tuttavia, è importante notare che l'Universo 25 è stato criticato per la sua mancanza di validità scientifica e per la mancanza di trasferibilità diretta agli esseri umani. Gli esseri umani sono dotati di una complessità culturale, cognitiva e sociale che va oltre quella dei topi, e i comportamenti osservati nell'esperimento potrebbero non essere direttamente applicabili alla nostra specie.

Le Lezioni dell'Esperimento

Nonostante le critiche, l'Universo 25 offre alcune lezioni importanti:

Risorse Limitate: Anche con risorse abbondanti, una popolazione può autodistruggersi se non riesce a gestire in modo responsabile le risorse a sua disposizione.

Stress Sociale: La sovrappopolazione e la competizione per le risorse possono creare un notevole stress sociale, portando a comportamenti disfunzionali.

Comportamenti Complessi: Le dinamiche comportamentali possono diventare estremamente complesse quando le risorse diventano limitate. La competitività, l'aggressività e la deviazione comportamentale possono emergere.

L'Importanza della Prevenzione: Prevenire il sovraffollamento e la competizione eccessiva per le risorse è cruciale per evitare l'autodistruzione collettiva.

Tuttavia, è importante sottolineare che l'Universo 25 non è un modello perfetto per l'umanità, ma piuttosto un esperimento intrigante che solleva domande sulla nostra capacità di adattarci alle sfide del nostro ambiente in rapida evoluzione.

La Psicologia dell'Autodistruzione

Per comprendere meglio il fenomeno dell'autodistruzione, è utile esaminare alcuni dei fattori psicologici e comportamentali che possono contribuire a comportamenti autodistruttivi, sia a livello individuale che collettivo.

La Teoria del Declino Sociale

Una teoria spesso citata per spiegare l'autodistruzione collettiva è la "teoria del declino sociale". Questa teoria suggerisce che le società attraversano cicli di crescita e declino, e che il declino può essere causato da una serie di fattori, tra cui l'eccessiva competizione, la corruzione, la perdita di valori culturali e la disintegrazione sociale.

La Conformità Sociale

La conformità sociale è un fenomeno in cui gli individui si adeguano ai comportamenti e alle opinioni della maggioranza, anche se questi comportamenti possono essere dannosi o autodistruttivi. La conformità sociale può portare a comportamenti collettivi dannosi, come il conformismo politico, la discriminazione razziale o etnica e la partecipazione a comportamenti distruttivi di massa.

La Dissonanza Cognitiva

La teoria della dissonanza cognitiva suggerisce che le persone cercano di ridurre la dissonanza tra le loro convinzioni e i loro comportamenti. Tuttavia, in situazioni in cui le persone sono coinvolte in comportamenti autodistruttivi o dannosi, possono verificarsi meccanismi di difesa che minimizzano la percezione della dissonanza. Ciò può portare a una mancanza di responsabilità e alla continuazione di comportamenti dannosi.

La Paura del Cambiamento e dell'Incertezza

Molte persone resistono al cambiamento e all'incertezza, preferendo mantenere lo status quo anche quando è dannoso. Questa resistenza al cambiamento può contribuire all'autodistruzione collettiva se impedisce alle società di adattarsi alle sfide emergenti e di adottare comportamenti più sostenibili.

La Prevenzione dell' Autodistruzione Collettiva

Prevenire l'autodistruzione collettiva è una sfida complessa ma cruciale per l'umanità. Ecco alcune strategie che possono contribuire a mitigare questa minaccia:

Educazione e Consapevolezza

Promuovere l'educazione e la consapevolezza è fondamentale per consentire alle persone di comprendere le sfide che l'umanità affronta e le implicazioni dei loro comportamenti. L'alfabetizzazione scientifica, la comprensione delle questioni globali e la promozione di valori etici possono contribuire a guidare comportamenti più responsabili.

Leadership Responsabile

I leader politici, economici e sociali hanno un ruolo cruciale nel plasmare il comportamento collettivo. Le decisioni prese dai leader possono avere un impatto significativo sulla direzione che prende una società. La leadership responsabile implica la considerazione a lungo termine delle conseguenze delle decisioni e la promozione di politiche che favoriscono il benessere collettivo.

Governance Efficace e Democrazia

Sistemi di governance efficaci, inclusi processi democratici e trasparenti, possono contribuire a prevenire l'autodistruzione collettiva. La partecipazione del pubblico e la responsabilità dei governi possono aiutare a garantire che le decisioni siano prese in modo equo e che gli interessi di tutta la società siano considerati.

Cooperazione Globale

Le sfide globali richiedono cooperazione a livello globale. Gli accordi internazionali, la diplomazia multilaterale e l'azione coordinata sono essenziali per affrontare minacce come il cambiamento climatico, la proliferazione nucleare e le pandemie.

Prevenzione del Declino Sociale

Per prevenire il declino sociale, le società devono investire nella promozione dei valori culturali positivi, nella lotta alla corruzione e nella promozione dell'equità e della giustizia sociale. La prevenzione del declino sociale richiede un impegno costante per mantenere una società sana e funzionante.

Conclusioni

L'autodistruzione collettiva è una minaccia esistenziale che l'umanità deve prendere seriamente in considerazione. Sebbene le sfide globali esterne siano cruciali, non dobbiamo sottovalutare il potenziale per l'autodistruzione derivante da comportamenti irresponsabili, autodistruttivi o autodistruttivi.

Prevenire l'autodistruzione collettiva richiede un impegno collettivo per promuovere l'educazione, la consapevolezza, la leadership responsabile e la cooperazione globale. È un compito complesso, ma è un compito che dobbiamo affrontare per garantire un futuro sostenibile per l'umanità.

Nel prossimo e ultimo capitolo, esploreremo le speranze per un futuro migliore e le azioni che possono essere intraprese per costruire un mondo più sicuro, equo e sostenibile.

SPERANZE PER UN FUTURO MIGLIORE

el capitolo precedente, abbiamo esaminato le minacce all'esistenza umana, comprese quelle esterne e l'idea dell'autodistruzione collettiva. Queste sfide possono sembrare scoraggianti, ma è importante ricordare che l'umanità ha dimostrato una notevole capacità di adattamento e resilienza nel corso della storia. In questo capitolo, esploreremo le speranze per un futuro migliore e le azioni che possono essere intraprese per costruire un mondo più sicuro, equo e sostenibile.

La Promessa della Tecnologia

Una delle grandi speranze per il futuro è la continua evoluzione della tecnologia. Le innovazioni tecnologiche hanno il potenziale per affrontare molte delle sfide globali che abbiamo esaminato nei capitoli precedenti. Ecco alcune aree in cui la tecnologia potrebbe fare la differenza:

Energia Sostenibile

La transizione verso fonti di energia rinnovabile come il solare, l'eolico e l'idroelettrico offre la possibilità di ridurre le emissioni di gas serra e mitigare il cambiamento climatico. Le tecnologie per lo stoccaggio dell'energia e il miglioramento dell'efficienza energetica possono contribuire a garantire un futuro più sostenibile dal punto di vista energetico.

Intelligenza Artificiale e Automazione

L'intelligenza artificiale (IA) e l'automazione hanno il potenziale per trasformare industrie come la sanità, la produzione e i trasporti, aumentando l'efficienza e riducendo il lavoro manuale. Tuttavia, è importante gestire queste tecnologie in modo da minimizzare gli impatti sociali negativi, come la disoccupazione tecnologica.

Medicina Avanzata

Gli avanzamenti nella medicina, tra cui terapie geniche, nanotecnologia medica e intelligenza artificiale nella diagnosi, offrono la speranza di cure più efficaci per le malattie e di una vita più lunga e sana.

Connettività Globale

La connettività globale tramite Internet sta aprendo nuove opportunità per l'istruzione, la comunicazione e la collaborazione a livello globale. Questa rete globale può contribuire a diffondere conoscenze e soluzioni per le sfide globali.

L'Importanza della Collaborazione

Sebbene la tecnologia abbia un potenziale enorme, la sua efficacia dipenderà dalla collaborazione a livello globale. Nessun paese o organizzazione può affrontare da solo le sfide globali. La cooperazione internazionale è essenziale per affrontare questioni come il cambiamento climatico, la gestione delle pandemie e la riduzione delle armi nucleari.

Accordi Internazionali

Gli accordi internazionali, come l'Accordo di Parigi sul cambiamento climatico e il Trattato sulla non proliferazione nucleare, forniscono un quadro per la cooperazione globale. Rafforzare questi accordi e promuovere nuovi accordi su questioni urgenti è essenziale per affrontare le minacce globali.

Diplomazia Multilaterale

La diplomazia multilaterale svolge un ruolo chiave nel risolvere dispute internazionali e promuovere la pace. La diplomazia può prevenire conflitti che potrebbero portare a guerre distruttive e destabilizzare regioni intere.

Ruolo delle Organizzazioni Internazionali

Le organizzazioni internazionali come le Nazioni Unite, l'Organizzazione Mondiale della Sanità (OMS) e l'Organizzazione Mondiale del Commercio (OMC) svolgono un ruolo fondamentale nella promozione della cooperazione globale. Queste organizzazioni offrono forum per il dialogo, la negoziazione e l'azione congiunta.

Sfide Residue

Nonostante le speranze e le opportunità offerte dalla tecnologia e dalla cooperazione internazionale, rimangono sfide significative da affrontare.

Disuguaglianza Globale

Le disuguaglianze economiche, sociali e di accesso alle risorse rimangono una sfida critica. La distribuzione inequità delle ricchezze può portare a tensioni sociali, instabilità politica e conflitti.

Risorse Naturali Limitate

La gestione sostenibile delle risorse naturali è essenziale per evitare l'esaurimento delle risorse vitali come l'acqua, il suolo fertile e le foreste. La sovrasfruttamento delle risorse può portare a crisi ecologiche e a una diminuzione della capacità della Terra di sostenere la vita umana.

Cambiamento Climatico

Il cambiamento climatico rappresenta una delle sfide più urgenti e complesse che l'umanità deve affrontare. Sebbene ci siano opportunità per mitigare il cambiamento climatico attraverso l'adozione di energie rinnovabili e pratiche sostenibili, il tempo è limitato e l'azione urgente è necessaria.

Minacce Tecnologiche

L'evoluzione tecnologica offre opportunità ma presenta anche minacce, come l'uso improprio dell'intelligenza artificiale, la proliferazione di armi avanzate e la minaccia di cyberattacchi su larga scala. La gestione responsabile delle tecnologie emergenti è essenziale per evitare conseguenze negative.

La Responsabilità Individuale

Oltre alla collaborazione globale e alle politiche pubbliche, la responsabilità individuale gioca un ruolo cruciale nella costruzione di un futuro migliore. Ogni persona può contribuire ad affrontare le sfide globali attraverso azioni quotidiane e scelte consapevoli.

Riduzione dell'Impronta Ecologica

Ogni individuo può contribuire alla lotta contro il cambiamento climatico e la perdita di biodiversità riducendo il proprio consumo di risorse, riducendo gli sprechi e adottando stili di vita più sostenibili.

Partecipazione Attiva

La partecipazione attiva nella vita democratica, il monitoraggio delle azioni dei leader politici e la promozione dei valori di equità e giustizia possono fare la differenza a livello locale e globale.

Educazione e Consapevolezza

L'educazione continua e la consapevolezza delle questioni globali possono aiutare le persone a comprendere meglio le sfide e ad agire in modo responsabile.

Solidarietà e Compassione

La solidarietà e la compassione possono ispirare azioni altruiste e la volontà di aiutare coloro che sono in difficoltà. Questi valori sono fondamentali per costruire una società più giusta e inclusiva.

Conclusioni

Il futuro dell'umanità è in bilico tra sfide complesse e promesse di progresso. Le minacce globali sono reali e richiedono azioni immediate e coordinate. Tuttavia, abbiamo anche il potenziale per affrontare queste sfide attraverso la tecnologia, la cooperazione internazionale e la responsabilità individuale.

Costruire un futuro migliore richiede impegno, determinazione e un cambiamento collettivo di comportamento e priorità. Ma è un obiettivo che vale la pena perseguire. Con visione, impegno e solidarietà, possiamo lavorare insieme per un mondo più sicuro, equo e sostenibile per le generazioni future. Il futuro è nelle nostre mani, e dipende dalle scelte che facciamo oggi